2017

INTERIOR DESIGN MODEL LIBRARY

公共空间
PUBLIC SPACE

室内设计
模型库

叶斌　叶猛　著

海峡出版发行集团
THE STRAITS PUBLISHING & DISTRIBUTING GROUP | 福建科学技术出版社
FUJIAN SCIENCE & TECHNOLOGY PUBLISHING HOUSE

作者简介 / AUTHOR PROFILE

叶 斌 / Ye Bin

高级建筑师
国广一叶装饰机构首席设计师
福建农林大学兼职教授
南京工业大学建筑系建筑学学士
北京大学 EMBA
中国室内设计学会理事
中国建筑装饰协会理事

荣 誉

当选 2013~2015 年度福建省最具影响力设计师（排名第一）
荣获 "中国室内设计杰出成就奖"
当选 2009 "金羊奖" 中国十大室内设计师
当选中国建筑装饰行业建国 60 年百名功勋人物
当选 1989~2009 中国杰出室内设计师
当选 1997~2007 中国家装十年最具影响力精英领袖
当选 1989~2004 全国百位优秀室内建筑师
当选 2004 年度中国室内设计师十大封面人物
当选 2002 年福建省室内设计十大影响人物（第一席位）

著 作

1. 《室内设计图典》（1、2、3）
2. 《装饰设计空间艺术·家居装饰》（1、2、3）
3. 《装饰设计空间艺术·公共建筑装饰》
4. 《建筑外观细部图典》
5. 《国广一叶室内设计模型库·家居装饰》（1、2、3）
6. 《国广一叶室内设计模型库·公建装饰》
7. 《国广一叶室内设计》
8. 《国广一叶室内设计模型库构成元素》（1、2）
9. 《室内设计立面构图艺术》系列
10. 《国广一叶室内设计模型库》系列
11. 《家居装饰·平面设计概念集成》
12. 《概念家居》、《概念空间》
13. 《2009 室内设计模型》系列（5 册）
14. 《2010 家居空间模型》系列（3 册）
15. 《2010 公共空间模型》系列（2 册）
16. 《2011 家居空间模型》系列（3 册）
17. 《2011 公共空间模型》
18. 《2012 室内设计模型集成》系列（5 册）
19. 《2013 公共空间模型集成》系列（2 册）
20. 《2013 家居空间模型集成》系列（3 册）
21. 《2014 空间模型集成》系列（5 册）
22. 《2015 室内设计模型集成》系列（5 册）
23. 《2015 名师家装新图典》系列（3 册）
24. 《2016 公共空间模型库》
25. 《2016 家居设计模型库》系列（4 册）
26. 《新家居装修与软装设计》系列（4 册）

获奖设计作品

长乐电力大楼	2015~2016 年度中国建筑工程装饰奖（公共建筑装饰设计类）
叶禅赋	2016 年第十一届中国国际室内设计双年展金奖
FORUS	2016 年第十一届中国国际室内设计双年展金奖
Lee House	2016 年第十一届中国国际室内设计双年展金奖
静·念	2016 年第十一届中国国际室内设计双年展银奖
仕林东湖	2016 年第十一届中国国际室内设计双年展银奖
白说》	2016 年第十一届中国国际室内设计双年展银奖
"一扇窗，漫一室"	2016 年第十一届中国国际室内设计双年展银奖
坐卧之间	2016 年第十一届中国国际室内设计双年展铜奖
亦黑亦白	2016 年第十一届中国国际室内设计双年展铜奖
世欧澜山	2016 年第十一届中国国际室内设计双年展铜奖
秋风词	2016 年第十一届中国国际室内设计双年展铜奖
少即是多	2016 年第十一届中国国际室内设计双年展铜奖
溪山温泉度假酒店（实例）	2014 年第十届中国国际室内设计双年展金奖
正兴养老社区体验中心	2014 年第十届中国国际室内设计双年展银奖
中联大厦办公楼	2014 年第十届中国国际室内设计双年展铜奖
尊贵彰显富丽	2014 年第十届中国国际室内设计双年展铜奖
永福设计研发中心	2014 年度全国建筑工程装饰奖（公共建筑装饰设计类）
宇洋中央金座	2013 年第十六届中国室内设计大奖赛铜奖
宁德上东曼哈顿楼部	2013 年第四届中国国际空间环境艺术设计大赛（筑巢奖）优秀奖
福建洲际酒店	2012 年首届亚太金艺奖酒店设计大赛金奖
瑞莱春堂	2012 年第四届 "照明周刊杯" 照明应用设计大赛金奖
前共和广告	2012 年第十五届中国室内设计大奖赛金奖
前共和广告	2012 年第九届中国室内设计双年展金奖
阳光理想城	2012 年第九届中国室内设计双年展金奖
福州情·聚香园	2012 年第九届中国室内设计双年展银奖
宁化世界客属文化交流中心	2012 年第九届中国室内设计双年展铜奖
映·像	2012 年第二十届亚太室内设计大奖赛铜奖
名城港湾 157#103	2012 年第三届中国国际空间环境艺术设计大赛（筑巢奖）优秀奖
一信（福建）投资	2011 年第十四届中国室内设计大奖赛金奖
福建科大永和医疗机构	2011 年中国最成功设计大赛最成功设计奖
素丽娅泰 SPA	2010 年第八届中国室内设计双年展金奖
摩卡小镇售楼中心	2010 年第八届中国室内设计双年展银奖
大洋鹭洲	2010 年第八届中国室内设计双年展铜奖
素丽娅泰 SPA	2010 年亚太室内设计双年展大奖赛商业空间设计银奖
繁都魅影	2010 年亚太室内设计双年展大奖赛住宅空间设计银奖
繁都魅影	2010 年亚洲室内设计大奖赛铜奖
中央美苑	2010 海峡两岸室内设计大奖赛金奖
繁都魅影	2010 海峡两岸室内设计大奖赛金奖
光．盒中盒	2010 海峡两岸室内设计大奖赛金奖
皇帝洞书院	2009 年 "尚高杯" 中国室内设计大奖赛二等奖
北湖皇帝洞景区会所	2008 年第七届中国室内设计双年展金奖
点房财富中心	2007 年 "华耐杯" 中国室内设计大奖赛二等奖
大家会馆（实例）	2006 年第六届中国室内设计双年展金奖
书香大第销售中心	2006 年第六届中国室内设计双年展金奖
内蒙古呼和浩特市中级人民法院	2004 年中国第五届室内设计双年展铜奖
厦门奥林匹亚中心	2004 年中国第五届室内设计双年展铜奖

另 116 项设计作品荣获福建省室内设计大奖赛一等奖

叶 猛 / Ye Meng

国广一叶装饰机构副总设计师
国家一级注册建筑师
国家一级注册建造师
中国建筑学会室内分会会员
福建工程学院建筑与规划系讲师
福州大学建筑系学士
中南大学土建学院建筑学硕士

获奖设计作品

仕林东湖	2016 第十一届中国国际室内设计双年展银奖
融信大卫城—禅韵	2016 福建省室内设计大赛居室空间类金奖
东方韵	2015 中南地区国际空间环境艺术设计大赛方案设计空间铜奖
雅韵·世欧澜山	2015 中南地区国际空间环境艺术设计大赛住宅空间优秀奖
风尚	2015 年度国际空间设计大奖·艾特奖 最佳公寓设计入围奖
融信大卫城	2014 年第十届中国国际室内设计双年展优秀奖
三盛国际公园	2014 年第五届中国国际空间环境艺术设计大赛（筑巢奖）提名奖
名城港湾	2014 年第五届中国国际空间环境艺术设计大赛（筑巢奖）优秀创意
融侨外滩	2014 年第五届中国国际空间环境艺术设计大赛（筑巢奖）优秀创意
螯峰洲小区—19A	2013 年第四届中国国际空间环境艺术设计大赛（筑巢奖）优秀创意
阳光理想城	2012 年第九届中国国际室内设计双年展金奖
大洋鹭洲	2010 年第八届中国国际室内设计双年展铜奖
繁都魅影	2010 年亚洲室内设计大奖赛铜奖
福建工程学院建筑系新馆	2009 年中国室内空间环境艺术设计大赛一等奖
福建工程学院建筑系新馆	2009 年福建室内与环境设计大奖赛公建工程类最高奖
文化主题酒店	2008 年福建省第六届室内与环境设计大赛一等奖
点房财富中心	2007 年 "华耐杯" 中国室内设计大奖二等奖
大家会馆（实例）	2006 年第六届中国室内设计双年展金奖
金钻世家某单元房	2006 年第六届中国室内设计双年展银奖

另出版《建筑外观细部图典》、《室内设计图像模型》等著作数十种

国广一叶装饰机构作为"全国最具影响力室内设计机构"（中国建筑学会室内设计分会颁发）、"2015 年度中国建筑装饰设计机构 50 强企业"（中国建筑装饰协会颁发）、"2013 住宅装饰装修行业最佳设计机构"（中国建筑装饰协会颁发）、"2013 年度全国住宅装饰装修行业百强企业"（中国建筑装饰协会颁发）、"2012～2013 年度全国室内装饰优秀设计机构"（中国室内装饰协会颁发）、"2012 年中国十大品牌酒店设计机构"（中外酒店论证颁发）、"2013 中国住宅装饰装修行业最佳设计机构"（中国建筑装饰协会颁发）、"1989～2009 年全国十大室内设计企业"（中国建筑协会室内设计分会颁发）、"1988～2008 年中国室内设计十佳设计机构"（中国室内装饰协会颁发）、"1997～2007 年中国十大家装企业"（中国建筑装饰协会颁发）、"福建省著名商标"、"福建省建筑装饰装修行业龙头企业"（福建省人民政府闽政文〔2014〕26 号颁发），"福建省建筑装饰行业协会会长单位"，荣获国际、国家及省市级设计大奖上千项。

国广一叶装饰机构首席设计师叶斌荣获"中国室内设计杰出成就奖"、两次荣获"中国十大室内设计师"称号；叶猛被评为"1989～2009 年中国优秀设计师"；另外，19 名设计师被评为中国装饰设计行业优秀设计师，96 名设计师分别被评为福建省优秀设计师、福州市优秀设计师，89 名在职设计师分别荣获历届全国、福建省、福州市室内设计一等奖……

以上这些荣誉的获得和国广一叶装饰机构自身的水准有关。国广一叶装饰机构拥有大批量高水准的室内设计专业效果图，这些效果图将设计师的设计意图淋漓尽致地表现出来。自 2004 年至今，国广一叶装饰机构在福建科学技术出版社已陆续出版了 13 套模型系列图书，一直受到广大读者的支持与厚爱。为了不辜负广大读者的期望，我们继续推出《2017 室内设计模型库》系列图书。这系列图书汇集了国广一叶 2016～2017 年制作的 1900 多个风格各异、手法时尚的室内设计效果图及其对应的 3ds Max 场景模型文件，可作为读者做室内设计时的有益参考。

本书配套光盘的内容包含效果图原始 3ds Max 模型和使用到的所有贴图文件。由于 3ds Max 软件不断升级，此次的模型我们采用 3ds Max2011 版本制作。模型按图片顺序编排，易于查阅调用。只有能对模型进一步调整才能体现其价值和生命力，因此提供的 3ds Max 模型是真正有价值、可随时提取、调整使用的部分。必须说明的是，书中收录的效果图均为原始模型经过 lightscape 渲染和 photoshop 后期处理过的成图，是为读者了解后处理效果提供直观准确的参考，与 3ds Max 直接渲染的效果有一定区别。

著　者
2017 年 2 月

As a well-known decoration company, Guoguangyiye Decoration Group have acquired thousands of international, national and provincial design awards, such as "Top 50 architectural decoration company in China(2015, honored by China Building Decoration Association, CBDA)", "the best design institutions of residential ornament industry in 2013 (honored by China Building Decoration Association, CBDA)", "the Top 100 enterprises of Chinese residential ornament industry in 2013(honored by China Building Decoration Association, CBDA)" "Outstanding Interior Design Companies in China(2012-2013, honored by China National Interior Decoration Association, CIDA)", "Top 10 Candlewood Design Companies in China(2012, honor by Chinese and Foreign Hotel Argument)", "The Best Interior Decoration Association of Chinese Home Decoration(2013, honored by CBDA)", "Top 10 Interior Design Companies in China (1989~2009)", "Top 10 China Interior Design Institutions (1988~2008)", "2012 China top 10 Hotel Design Institutions", "China Top 10 Home Decoration Enterprises (1997~2007)", "Well-Known Brand of Fujian", "the leading enterprises of architectural ornament industry in Fujian province (issued by the people's Government of Fujian Province〔2014〕No. 26)" and "the president company of Architectural Ornament Industry Association of Fujian province".

In Guoguangyiye Decoration Group, a dozen of architects have be granted as "National 19 architect of China", and 83 architects have awarded as "Excellent Architect of Fujian province/Fuzhou", 76 architects have won top prize of national, Fujian provincial or Fuzhou. The chief architect Mr. Bin Ye has wined the award of "Distinguished Achievement Award of Chinese Interior Design", and awarded twice "China Top 10 Interior Design Architect". Mr. Meng Ye was awarded "Outstanding Architect of China (1989~2009)".

Naturally these achievements have been accomplished because of the high level interior designs of Guoguangyiye, but obviously cannot be attained without high level professional effect drawing that presents the design intent of architects incisively and vividly. Therefore as a product of the collective efforts of architect and graphic designer, it is closely related to the success of project design.

Since 2004, Guoguangyiye has published thirteen series of books on design model database with Fujian Science and Technology Press and all of them have gained wide popularity by their richness and practicality. Therefore, this year we will continue to publish 2017 Interior Design Model Library. This new series consists of over 1900 chic 3ds Max scenario models of various style interior designs created by Guoguangyiye during 2016~2017. Being a model database, they could also be used as beneficial references for interior design.

The enclosed CD contains original 3ds Max models of decoration effect drawings and all the map files used in order to create them. Due to the continuous upgrading of 3ds Max software, version 2014 was adopted in the drawing of these models which are arranged in the order of the pictures to make them easily accessible. Since as only models that can be further adjusted are valuable, the 3ds Max moulds provided are all of true value and readily available. It should be noted that, all the effect drawings in the books are pictures rendered by lightscape and dealt with by Photoshop, to give an intuitive and precise reference for readers on the after effects which are different from those rendered directly by 3ds Max.

February 2017

目录 CONTENTS

办公空间

LIVING ROOM

路演区
Roadshow area | 001

会议室
Meeting room | 002

服务大厅 | **003**
Service hall

办公区 | **004**
Office area

门厅 | **005**
Foyer

办公区
Office area | **007**

会议室 | 006
Meeting room

饮茶区 | 009
Tea area

服务大厅 | 008
Service hall

办公区 | 010
Office area

滑梯间
Slide room **011**

领导办公室
Leadership office **012**

楼梯间
Stair well **013**

办公区
Office area 015

领导办公室
Leadership office 016

办公区
Office area 017

主控室
Master control room | 018

门头
Door header | 020

服务大厅
Service hall | 019

大堂
Lobby | 021

领导办公室 | **022**
Leadership office

会议室 | **023**
Meeting room

会议室
Meeting room |024

会议室
Meeting room |025

为国聚财 为民收税

公司展厅 **030**
Company exhibition hall

会议室
Meeting room
031

会议室
Meeting room
032

会议厅
Conference room
033

会议室
Meeting room | 034

休闲区
Leisure area | 035

门厅
Foyer | **036**

走道
Walkway | **037**

华能罗源发电

大堂
Lobby | **038**

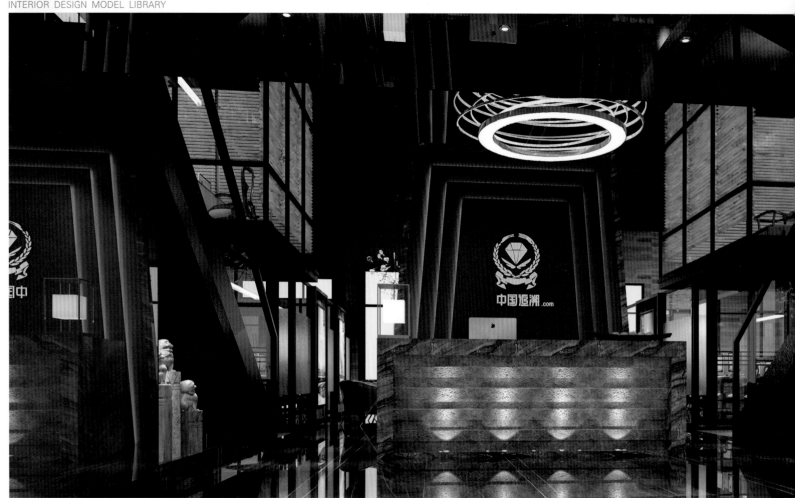

前台
Information desk | 039

接待区
Reception area | 040

总裁室
President's office | 041

休闲区
Leisure area | 042

大堂
Lobby | 043

休闲区
Leisure area **044**

茶艺室
Tea room **045**

服务大厅
Service hall | **046**

董事长办公室
Chairman's office | **047**

总经理办公室
General manager's office | **048**

员工餐厅
Staff restaurant | **049**

大堂
Lobby | **050**

服务大厅
Service hall | **051**

董事长办公室
Chairman's office | **052**

走道 053
Walkway

办公区 054
Office area

门厅 055
Foyer

滑梯间 056
Slide room

办公区
Office area **057**

会议室
Meeting room **058**

服务大厅
Service hall | 060

服务大厅
Service hall | 061

員工餐厅
Staff restaurant **062**

服务大厅
Service hall **063**

大堂
Lobby | 065

服务大厅
Service hall 064

大堂
Lobby 066

接待厅
Reception hall 067

电梯厅
Elevator hall | 068

贵宾室
VIP room | 069

服务大厅 | 070
Service hall

会议室 | 071
Meeting room

休闲区 | 072
Leisure area

员工餐厅 | **073**
Staff restaurant

办公区 | **074**
Office area

总经理办公室
General manager's office | **075**

休闲区
Leisure area | **076**

会议室
Meeting room | **077**

总监室
Director office | **079**

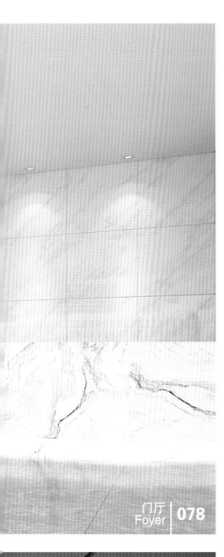

门厅
Foyer | 078

大堂
Lobby | 081

领导办公室
Leadership office | 080

领导办公室
Leadership office | 082

茶艺室
Tea room | **084**

茶艺室 | 083
Tea room

门厅 | 085
Foyer

办公区 | 086
Office area

会议室
Meeting room | 087

大堂
Lobby | 088

走道 | **089**
Walkway

大堂 | **090**
Lobby

领导办公室
Leadership office | **091**

接待室
Reception room | **092**

领导办公室
Leadership office **093**

休闲区
Leisure area **094**

办公区 **096**
Office area

办公区
Office area | 095

领导办公室
Leadership office | 098

卫生间
Washroom | 097

总经理办公室
General manager's office | 099

门厅
Foyer 100

前台
Information desk 101

领导办公室
Leadership office 102

办公室
Office 104

办公室
Office 105

接待室
Reception room 103

门厅
Foyer 106

办公区 | **107**
Office area

走道 | **108**
Walkway

走道 | **109**
Walkway

多功能厅 | **111**
Multiple-function hall

服务大厅 | **112**
Service hall

主控室 | **113**
Master control room

图书室 | **114**
Library

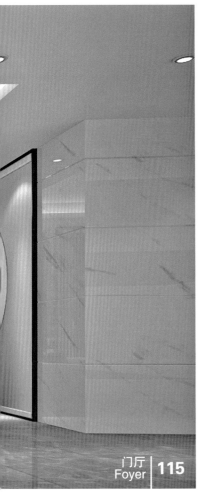

门厅
Foyer | 115

会议室
Meeting room | 117

办公室
Office | 118

公司展厅
Company exhibition hall | 116

门厅
Foyer | 119

门厅
Foyer | **120**

电梯厅
Elevator hall | **121**

会议室 | 122
Meeting room

休闲区 | 123
Leisure area

门厅 | 124
Foyer

电梯厅 | **125**
Elevator hall

会议室 | **126**
Meeting room

总经理办公室 | **127**
General manager's office

会议厅 | **128**
Conference room

操作间 | **129**
Console room

服务大厅 | **130**
Service hall

走道 **131**
Walkway

大堂 **132**
Lobby

饮茶区 **133**
Tea area

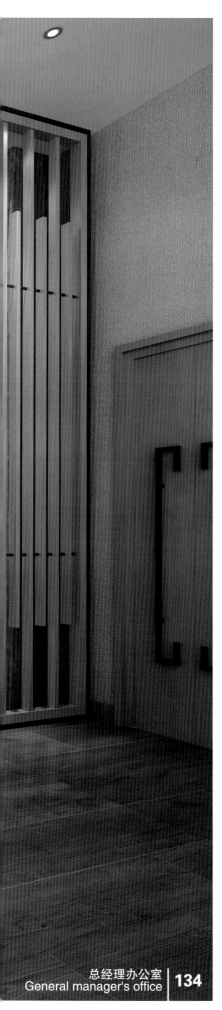

办公室
Office | 135

办公区
Office area | 136

总经理办公室
General manager's office | 134

办公区
Office area | 137

会议厅 | **138**
Conference room

总裁室 | **139**
President's office

公司展厅
Company exhibition hall | **140**

大堂
Lobby | **141**

门厅
Foyer | 142

饮茶区
Tea area | 143

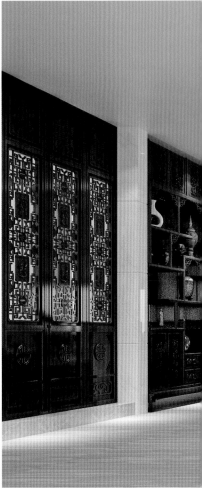

总经理办公室
General manager's office | 144

会议厅 | **145**
Conference room

董事长办公室 | **146**
Chairman's office

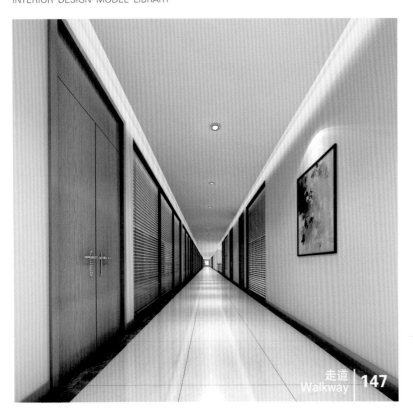

走道 | **147**
Walkway

总经理办公室 | **148**
General manager's office

服务大厅 | **149**
Service hall

门厅
Foyer | 150

经理办公室 | 151
Manager's office

员工餐厅 | **152**
Staff restaurant

办公区
Office area 155

门厅
Foyer 153

员工餐厅
Staff restaurant 154

Department of risk control
manager

走道
Walkway 156

前台
Information desk | **157**

门厅
Foyer | **158**

酒店会所空间
THE HOTEL LOUNGE SPACE

酒店客房
Hotel room | **159**

会所户外餐区
Club outdoor dining area | **160**

酒店过道
Hotel passageway | **161**

文化馆
Cultural centre | 162

文化馆
Cultural centre | 163

会所餐区 | **165**
Club dining area

酒店大堂 | **164**
Hotel lobby

酒店 KTV | **166**
Hotel KTV

酒店餐厅 | **167**
Hotel restaurant

会所客房 | **168**
Club room

文化馆门厅 | **169**
Cultural centre hall

酒店包间 | **170**
Hotel room

酒店饮茶区 | **171**
Hotel tea area

酒店自助餐区 | **172**
Hotel buffet

文化馆门厅 | **173**
Cultural centre hall

文化馆茶室 | **174**
Cultural centre tearoom

文化馆
Cultural centre | **175**

文化馆门厅
Cultural centre hall | **176**

酒店客房 **177**
Hotel room

文化馆 **178**
Cultural centre

文化馆
Cultural centre | 179

棋牌室
Chess and card room | 180

酒店过道
Hotel passageway | 181

会所老总室
Club president's Office | **182**

洗手间
Washroom | **183**

酒店客房
Hotel room 184

酒店客房
Hotel room 185

酒店大堂
Hotel lobby 186

酒店客房
Hotel room | **187**

酒店大堂
Hotel lobby | **188**

酒店客房
Hotel room | **190**

酒店客房 **191**
Hotel room

酒店多功能厅 **192**
Hotel Multiple-function hall

会所外观 | 194
Club appearance

会所包间 | **193**
Club room

洗手间 | **196**
Washroom

酒店过道 | **195**
Hotel passageway

牙科会所 | **197**
Dental club

会所餐区
Club dining area | **198**

酒店餐厅
Hotel restaurant | **199**

牙科会所 | **200**
Dental club

文化馆门厅 | **201**
Cultural centre hall

文化馆
Cultural centre | **202**

会所休息区
Club lounge | **203**

会所餐区 | **204**
Club dining area

会所会议室 | **205**
Club meeting room

会所卫生间 | **206**
Club washroom

会所休息区 | **207**
Club lounge

酒店自助餐区 | **208**
Hotel buffet

会所休息区
Club lounge | **209**

酒店包间
Hotel room | **210**

会所大厅
Club hall | **211**

会所包间
Club room | **212**

酒店客房
Hotel room | **213**

会所走道
Club passageway | **214**

会所大厅
Club hall | **215**

酒店客房
Hotel room | **216**

酒店餐厅
Hotel restaurant | **217**

会所门厅
Club hall | **218**

牙科会所
Dental club | **219**

酒店包间
Hotel room | **220**

会所娱乐室 **221**
Club rumpus room

会所户外餐区 **222**
Club outdoor dining area

会所餐区 **223**
Club dining area

文化馆
Cultural centre | **224**

酒店包间
Hotel room | **225**

会所餐区
Club dining area | **227**

酒店客房
Hotel room | **226**

酒店大堂
Hotel lobby | **229**

会所餐区
Club dining area | **228**

会所门厅
Club hall | **230**

酒店客房 | **231**
Hotel room

酒店过道 | **232**
Hotel passageway

牙科会所 | **233**
Dental club

商业展览空间

COMMERCIAL EXHIBITION SPACE

展览厅
Exhibition hall | **234**

展览厅
Exhibition hall | **235**

展览厅
Exhibition hall **236**

展览厅
Exhibition hall **237**

户外门厅
Outdoor hall | **242**

银行贵宾室 | **241**
Bank VIP room

营业厅 | **244**
Business hall

银行展厅 | **245**
Bank exhibition

展览厅 | **243**
Exhibition hall

银行门厅 | **246**
Bank hall

餐吧 | **248**
Dining bar

外观
Appearance | **247**

火锅店
Hotpot restaurant | **250**

火锅店
Hotpot restaurant | **249**

火锅店
Hotpot restaurant | **251**

火锅店
Hotpot restaurant | **252**

餐吧
Dining bar | **253**

火锅店
Hotpot restaurant | **254**

餐吧
Dining bar | **255**

火锅店
Hotpot restaurant | **256**

火锅店
Hotpot restaurant | **257**

营业厅
Business hall | **261**

银行大厅
Bank lobby | **259**

营业厅
Business hall | **262**

银行大厅
Bank lobby | **260**

餐厅
Restaurant | **263**

营业厅
Business hall | **265**

营业厅 | **267**
Business hall

営业厅
Business hall 268

営业厅
Business hall 269

営业厅
Business hall 270

展览厅
Exhibition hall | **271**

展览厅
Exhibition hall | **272**

餐厅包间
Dining rooms **273**

餐厅包间
Dining rooms **274**

餐厅包间
Dining rooms **275**

展览厅
Exhibition hall | **276**

霞浦摄影馆

旅游集散中心 | 277
Tourist distributing center

银行接待室 | 279
Bank reception room

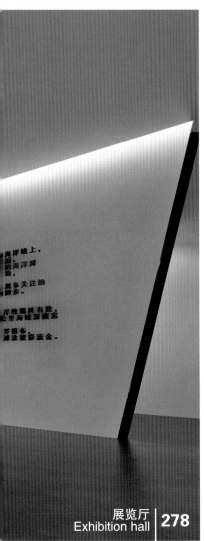

展览厅 | 278
Exhibition hall

旅游集散中心 | 280
Tourist distributing center

咖啡厅 | **281**
Coffee hall

咖啡厅 | **282**
Coffee hall

消防箱

银行大堂 | **285**
Bank Lobby

银行展厅 | **286**
Bank exhibition

银行酒吧间 | **287**
Bank barroom

咖啡厅 | **288**
Coffee hall

银行门厅 | **289**
Bank hall

展览厅
Exhibition hall | 290

展览厅
Exhibition hall | 291

营业厅
Business hall | 292

健身中心
Fitness centre | **293**

营业大厅
Business hall | **294**

展览厅 | **295**
Exhibition hall

营业大厅 | **296**
Business hall

门诊大厅 | **298**
Outpatient hall

门诊大厅 | **299**
Outpatient hall

营业厅
Business hall | **300**

福利彩票营业厅
Welfare lottery business hall | **301**

营业厅
Business hall | **302**

Dwayne Johnson
高端二手车行

车行
Car dealership | **303**

车行
Car dealership | **304**

健身中心
Fitness centre | **305**

展览厅
Exhibition hall | **306**

大包间
Large room | **307**

大包间
Large room | **308**

会议室
Meeting Room | **309**

银行贵宾室 | **310**
Bank VIP room

会议室 | **311**
Meeting Room

健身中心
Fitness centre | **312**

旅游集散中心
Tourist distributing center | **313**

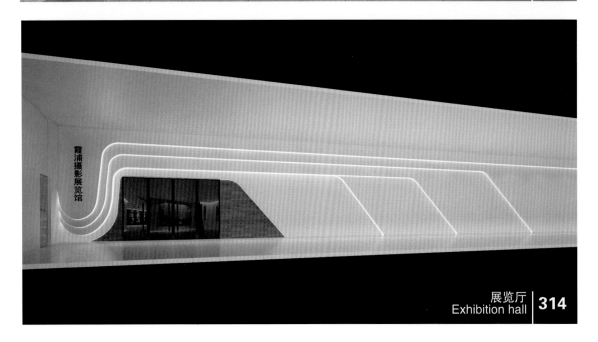

展览厅
Exhibition hall | **314**

大包间
Large room 315

健身中心
Fitness centre 316

学校房产空间
SCHOOL PROPERTY SPACE

筑家蓝波湾营销中心

售楼大厅
Sales hall | **319**

入户电梯厅
Household elevator hall | **320**

入户门厅
Entrance hall | **321**

幼儿园
Kindergarten | **324**

学校礼堂
School auditorium | **325**

科教教室
Science classroom | **328**

幼儿园餐厅
Kindergarten restaurant | **329**

幼儿园
kindergarten | **330**

学校图书馆
School library **331**

学校图书馆
School library **332**

幼儿园
Kindergarten **333**

学校图书馆
School library **334**

学校图书馆
School library **335**

学校图书馆
School library **336**

学校图书馆
School library | **338**

幼儿园
kindergarten | **339**

书法教室
Calligraphy classroom | **340**

学校图书馆
School library | **341**

学校图书馆
School library | **342**

幼儿园
kindergarten **344**

学校礼堂
School auditorium | **343**

幼儿园
kindergarten | **346**

幼儿园
kindergarten | **345**

学校图书馆
School library | **347**

学校图书馆 **348**
School library

学校图书馆 **349**
School library

入户电梯厅 | **351**
Household elevator hall

入户电梯厅 | **352**
Household elevator hall

入户电梯厅 | **353**
Household elevator hall

入户门厅 **354**
Entrance hall

入户门厅 **355**
Entrance hall

样板房
Show flat | 356

售楼大厅
Sales hall | 357

入户电梯厅
Household elevator hall | 358

售楼大厅
Sales hall | 359

样板房
Show flat | **361**

入户门厅
Entrance hall | **360**

入户电梯厅
Household elevator hall | **363**

样板房
Show flat | **362**

入户门厅
Entrance hall | **364**

样板房
Show flat | **365**

样板房
Show flat | **366**

入户电梯厅 | 367
Household elevator hall

入户门厅 | 368
Entrance hall

样板房 | 369
Show flat

售楼大厅
Sales hall | **370**

入户门厅
Entrance hall | **371**

入户门厅
Entrance hall 372

样板房
Show flat 373

入户门厅
Entrance hall 375

入户门厅
Entrance hall 376

图书在版编目（CIP）数据

2017室内设计模型库.公共空间/叶斌，叶猛著.—福
州：福建科学技术出版社，2017.5
ISBN 978-7-5335-5273-2

Ⅰ.①2… Ⅱ.①叶…②叶… Ⅲ.①住宅–室内装饰
设计–图集 Ⅳ.① TU238.2-64

中国版本图书馆 CIP 数据核字（2017）第 046989 号

书　　名	2017 室内设计模型库　公共空间	
著　　者	叶斌　叶猛	
出版发行	海峡出版发行集团	
	福建科学技术出版社	
社　　址	福州市东水路 76 号（邮编 350001）	
网　　址	www.fjstp.com	
经　　销	福建新华发行（集团）有限责任公司	
印　　刷	恒美印务（广州）有限公司	
开　　本	635毫米 ×965毫米　1/8	
印　　张	22	
图　　文	176 码	
版　　次	2017 年 5 月第 1 版	
印　　次	2017 年 5 月第 1 次印刷	
书　　号	ISBN 978-7-5335-5273-2	
定　　价	268.00 元	

书中如有印装质量问题，可直接向本社调换